玻璃钢/复合材料应用图册

FRP/Composite Application Atlas

中国硅酸盐学会玻璃钢分会
《复合材料科学与工程》编辑部
组织编写

北京工业大学出版社

复合材料
典型 应用
景观桥

图书在版编目（CIP）数据

玻璃钢/复合材料应用图册 / 中国硅酸盐学会玻璃钢分会，《复合材料科学与工程》编辑部组织编写. 北京 : 北京工业大学出版社, 2024. 8. -- ISBN 978-7-5639-8670-5

Ⅰ. TQ327.1-64

中国国家版本馆 CIP 数据核字第 2024F793T7 号

玻璃钢 / 复合材料应用图册

BOLIGANG / FUHE CAILIAO YINGYONG TUCE

组织编写： 中国硅酸盐学会玻璃钢分会 《复合材料科学与工程》编辑部

责任编辑： 付　存

封面设计： 红杉林文化

插画设计： 张天妮

出版发行： 北京工业大学出版社

（北京市朝阳区平乐园 100 号　邮编：100124）

010-67391722（传真）bgdcbs@sina.com

经销单位： 全国各地新华书店

承印单位： 北京九州迅驰传媒文化有限公司

开　　本： 787 毫米 ×1092 毫米　1/16

印　　张： 8.5

字　　数： 100 千字

版　　次： 2024 年 8 月第 1 版

印　　次： 2024 年 8 月第 1 次印刷

标准书号： ISBN 978-7-5639-8670-5

定　　价： 86.00 元

前言

1958年，我国第一块玻璃钢板的诞生，标志着中国玻璃钢/复合材料实现了“零”的突破，也拉开了中国玻璃钢/复合材料工业发展的序幕。时至今日，复合材料在中国已发展60余年。它悄无声息地走进了人们的生活，“可上九天揽月，可下五洋捉鳖”，大到飞机、运载火箭、卫星、船艇，小到自行车、球拍、钢笔——在我们周围，复合材料无处不在。然而，较强的专业性给复合材料蒙上了一层神秘的面纱，在一定程度上影响了它的推广使用。

复合材料是什么？性能怎么样？应用领域和场景又有哪些？为了让更多的人了解和使用复合材料，在中国硅酸盐学会玻璃钢分会成立50周年、《复合材料科学与工程》期刊创刊50周年之际，笔者编写了《玻璃钢/复合材料应用图册》，共搜集产品/工程案例100余例。图册以图片加文字说明的方式，介绍了复合材料产品的原材料、成型方法、特征，直观、形象地展现了复合材料在各个场景中的应用，以期在对人们进行复合材料知识科普的同时，启发人们探索更多、更广的复合材料应用领域和场景。

本图册由中国硅酸盐学会玻璃钢分会、《复合材料科学与工程》编辑部组织编写，参编人员为尹证、王海龙、胡中永、张煊、张文玲、王占东、刘青、马麟。本图册的出版得到了众多单位和个人的大力支持，他们为本图册的编写提供了丰富的素材和资料，在此表示衷心的感谢！由于复合材料的应用非常广泛，本图册仅收录了其中一些典型应用。如有不足之处，望读者批评指正。

2023年9月

目 录

第一章 玻璃钢/复合材料简述 ……………………1

一、"玻璃钢"的由来……………………………1

二、复合材料是什么 ……………………………1

三、复合材料的优点 ……………………………2

四、决定玻璃钢/复合材料性能的两大因素 ……………………………………2

第二章 应用图集………………………………14

一、一般工业

大型工业冷却塔 ……………………………15

民用冷却塔 …………………………………17

气瓶 …………………………………………18

储罐 …………………………………………19

SF双层油罐 …………………………………20

碳纤维冷却风扇 ……………………………21

传动轴及设备导辊 …………………………22

钻井平台格栅 ………………………………23

玻璃钢结构平台 ……………………………24

玻璃钢格栅走道 ……………………………25

水箱 …………………………………………26

玻璃钢拉挤缠绕管 …………………………27

玻璃钢高压井下管 …………………………28

智能护罩 ……………………………………29

游梁式抽油机半封闭玻璃钢护罩 …………30

户外表箱 ……………………………………31

二、农牧业

工具手柄 ……………………………………32

玻璃钢化粪池 ………………………………33

养殖用保温盖板 ……………………………34

三、电力・电子

复合材料芯导线 ……………………………35

玻璃钢天线罩 ………………………………36

舰船载天线罩 ………………………………37

车载天线罩 …………………………………38

复合材料格构式输电塔 ……………………39

复合材料绝缘子 ……………………………40

聚氨酯缠绕电杆 ……………………………41

电缆保护套管 ………………………………42

四、建筑

玻璃钢集成空调围护架 ……………………43

玻璃钢集成飘窗 ……………………………44

玻璃钢大矩形管 ……………………………45

玻璃钢桁架桥 ………………………………46

茅以升公益桥 ………………………………47

人行天桥 ……………………………………48

波形钢腹板–玻璃钢桥面板组合梁 ………49

玻璃钢桥梁封闭系统 ………………………50

大型桥梁曲面装饰体 ………………………51

曲面建筑结构 ………………………………52

山墙装饰板 …………………………………53

模压、拉挤制品拼装护栏 ······54
铝蜂窝复合板 ······55
玻璃钢格栅幕墙 ······56
墙体采光板 ······57
复合材料船闸 ······58
停机坪 ······59
玻璃钢锚杆 ······60
组合式房屋 ······61
SMC一体模压组合盆 ······62
装配式浴室 ······63
五、风能
风电叶片 ······64
风电叶片模具 ······65
风力发电机机舱罩 ······66
风电塔筒内外平台 ······67
六、车辆
大型卡车部件 ······68
履带式拖拉机机罩 ······69
拖挂式房车壳 ······70
小型车壳 ······71
汽车发动机油底壳 ······72
汽车发动机缸盖罩 ······73
汽车发动机装饰罩 ······74
特种车辆覆盖件 ······75
汽车板簧 ······76
车辆内缓冲梁、车顶 ······77
汽车电池包上盖 ······78
汽车轮毂 ······79
动车车头与裙板 ······80
动车窗框板与门立柱 ······81
悬挂式车头 ······82
北京西郊线地铁车头 ······83
地铁用座椅 ······84
七、交通设施
轨道交通第三轨防护罩 ······85
地铁应急疏散平台 ······86
公路声障板 ······87
防眩板 ······88
八、船艇
流刺网渔船 ······89
游艇 ······90
公务艇 ······91
无人艇 ······92
冲锋舟 ······93
工作艇 ······94
九、无人机
六旋翼氢动力无人机 ······95
十、航空・航天
直升机复合材料旋翼 ······96
卫星用部件 ······97
十一、军用装备
防弹插板 ······98
远程轰炸机部件 ······99
十二、医疗器械
大型医疗设备外壳 ······100
十三、运动・娱乐
竞技反曲弓 ······101
运动头盔 ······102
运动会颁奖台 ······103
自行车 ······104
船桨 ······105
轮滑鞋鞋面 ······106
电吉他框架 ······107
鱼竿 ······108

十四、通用设施
玻璃钢仿木系列 ······ 109
格栅栈道/甲板/盖板 ······ 111
废弃物回收点 ······ 112
凉亭 ······ 113
候车亭 ······ 114
果皮箱 ······ 115
井房 ······ 116
十五、日用品
书立 ······ 117
包装盒 ······ 118
手机支架 ······ 119
茶几 ······ 120
蒸汽熨斗外壳 ······ 121
行李箱 ······ 122
眼镜框 ······ 123
餐巾盒 ······ 124
雨伞骨架 ······ 125
钢笔笔杆 ······ 126

第一章 玻璃钢/复合材料简述

一、“玻璃钢”的由来

“玻璃钢”是玻璃纤维增强塑料（fiber reinforced plastics, FRP）的俗称，是复合材料家族中使用量大、面广的重要一员，由于其强度等相关力学性能与钢材相当，又含有玻璃组分，因此在中国历史上形成了这个通俗易懂的名称——玻璃钢。国内第一块玻璃钢诞生于1958年，在当时的技术条件下，复合材料的增强材料只有玻璃纤维，基体材料也只有几种热固性树脂，“玻璃钢”这个俗称是比较合适的，能够反映历史条件下复合材料的现状，也获得了国内研究、生产、使用等行业各方的认可和认同，沿用至今。

二、复合材料是什么

复合材料（composite）是由有机高分子、无机非金属或金属等几类不同材料通过复合工艺组合而成的新型材料，它既保持了原组分材料的主要特性，又通过复合效应获得原组分所不具备的性能。这种复合工艺可以通过材料设计使各组分的性能互相补充并彼此关联，从而获得新的优越性能，与一般材料的简单混合有本质的区别。

复合材料通常根据其所用的基体材料，分为金属基复合材料、无机非金属基复合材料和树脂基复合材料三大类。

在三大类复合材料中，树脂基复合材料是目前应用最广泛的一类，已形成了集科研、设计、试制、生产、检测、应用等较完整的工业体系。本书所称复合材料制品，原材料均为树脂基纤维增强复合材料，除了量大面广的玻璃钢制品外，亦包括以碳纤维、芳纶纤维等高性能纤维为增强材料的先进复合材料制品。

三、复合材料的优点

（一）材料性能可设计

复合材料的设计自由度大，既可以成为高性能的结构材料，也可以成为性能优越的功能材料，还可以成为结构和功能一体化的构件。

（二）性能优点多

与传统材料相比，复合材料具有比强度和比模量高、耐疲劳性能好、阻尼减震性能好、破损安全性高、耐腐蚀性能好和电性能好等优越性能。复合材料是发展现代工业、国防和科学技术不可缺少的基础材料，也是新技术革命赖以发展的重要物质基础，已成为新材料领域的重要先导材料。

（三）应用领域宽广

复合材料制品在航空航天、军工、交通运输、船舶、能源、建筑、石油化工、节能环保、电子电器、医疗、运动器械等各个领域发挥着不可替代的作用。

四、决定玻璃钢/复合材料性能的两大因素

复合材料是一种多相材料。在复合材料中，增强材料作为分散相，基体作为分散介质，互不溶混而构成一个整体结构。增强材料和基体之间，还存在第三相——增强材料-基体界面。增强材料、基体和增强材料-基体界面三个单元的有机组合，使复合材料具有增强材料或基体单独存在时所不具备的优良性能。

玻璃钢/复合材料的主要原料是玻璃纤维和树脂。玻璃纤维及其制品是玻璃钢的主要承力组分。玻璃纤维本身并不能作为工程结构材料，只有用树脂将纤维黏结在一起，形成一个整体，才能充分发挥出它们各自的效用。玻璃钢/复合材料的力学性能，主要取决于玻璃纤维的含量、排列方式、结构、编织方式等因素，以及它们的物理化学性能。而玻璃钢/复合材料的热、电、光、化学性能等，主要取决于树脂基体的性能。通常，根据玻璃钢/复合材料制品的性能要求和使用条件，选择适当的原材料以及工艺方法，就可以满足玻璃钢/复合材料的性能要求。那么，决定玻璃钢/复合材料性能的两大因素是什么呢？

（一）原材料

1. 增强材料

增强材料可以按形态和材料进行分类，如表1-1所示。

表 1-1　增强材料的种类

增强材料	具体种类
纤维状增强材料	长纤维 天然纤维：棉、剑麻、黄麻等 合成纤维：聚酯、芳酰胺、聚酰胺、酚醛、聚乙烯醇、聚丙烯、聚丙烯腈、聚氯乙烯、聚偏二氯乙烯等 玻璃纤维：E，C，S，R，D，M，AR 及我国中碱玻璃纤维等品种 碳 / 石墨纤维 硼纤维 陶瓷纤维：氧化铝、碳化硅等 石英和高硅氧纤维 金属纤维：碳钢和碳合金钢、铝和铝合金、镍基和钴基合金、不锈钢等 短纤维 晶须：α- 氧化铝、氮化铝、氧化铍、碳化硼、石墨、氧化镁、α- 碳化硅、β- 碳化硅等 微纤维：钛酸钾、硫酸钙、加工过的矿渣纤维等 矿物纤维：石棉、硅灰石等
球状填料	实心玻璃微珠 空心玻璃微珠
片状增强材料	云母片、玻璃鳞片、二硼化铝结晶、圆钢片和小钢片、氧化铝薄片、碳化硅薄片等
带状增强材料	玻璃带、石墨膜和硼膜等

（1）长纤维增强材料

①天然纤维

天然纤维主要指棉、剑麻、黄麻等纤维材料。在玻璃纤维工业化生产之前，天然纤维常被用作酚醛塑料等的增强材料，目前仍有使用。这类纤维具有一定的强度、耐候性，以及较好的机械加工性和韧性。

②合成纤维

合成纤维包括聚酯、芳酰胺、聚酰胺、酚醛、聚乙烯醇、聚丙烯、聚丙烯腈、聚氯乙烯、聚偏二氯乙烯等。在增强塑料和复合材料工业中，使用较多的有芳酰胺、尼龙、聚酯等。合成纤维的特点是密度低、比强度高、韧性好、耐冲击性好和耐磨性好，外观光洁，耐腐蚀，抗紫外线性强，但其耐湿性不如无机纤维和金属纤维。

③玻璃纤维

玻璃纤维是目前使用量最大的纤维增强材料，可以预见将来仍是最主要的塑料增强材料。玻璃纤维的优点是抗拉强度高、伸长率小、耐高温、电绝缘性好、化学稳定性好；缺点是性脆、不耐磨。作为玻璃钢/复合材料的一个组元，玻璃纤维只承受静载荷，从而避免了这个缺点。

玻璃纤维主要有如下几种分类方式：

一是按化学成分划分。玻璃纤维可分为无碱玻璃纤维（通常称为E玻璃纤维）、低介电玻璃纤维、中碱玻璃纤维、高碱玻璃纤维、高强玻璃纤维、耐碱玻璃纤维、高模量玻璃纤维、高硅氧玻璃纤维等。

二是按纱支品种划分。玻璃纤维可分为无捻纱和有捻纱两种。其中，无捻粗纱是平行原丝或平行单丝的集束体，前者指的是多股原丝并合而成的无捻粗纱，后者则称为单原丝无捻粗纱，或称为直接无捻粗纱、精密无捻粗纱。无捻粗纱既可以直接用于增强塑料，也可以短切后使用，还可以织成各种织物用作增强材料。无捻粗纱按玻璃成分划分，可分为无碱无捻粗纱和中碱无捻粗纱。根据玻璃钢/复合材料不同成型的工艺要求，无捻粗纱有喷射用的无捻粗纱、预成型用的无捻粗纱、片状模塑料（sheet molding compound, SMC）用的无捻粗纱、缠绕用的无捻粗纱、拉挤成型用的无捻粗纱、蓬松无捻粗纱等。

三是按纤维织物品种划分。玻璃纤维可分为玻璃纤维布、玻璃纤维毡、多层多轴向织物等。其中，玻璃纤维毡又包括短切原丝毡、连续原丝毡、表面毡、针刺毡以及复合毡等，此外，还有短切原丝、磨碎纤维等。一般可根据玻璃钢/复合材料制品的不同用途和工艺方法，采取不同品种规格的增强材料。

玻璃纤维布是一种重要的平纹无捻粗纱织物，其中，方格布是我国目前手糊玻璃钢制品的主要增强材料。这种材料由原丝集束性、浸透性和成带性好的无捻粗纱织造而成。

短切原丝毡，俗称短切毡，是连续玻璃纤维原丝经短切后，随机无定向沉降分布，用黏结剂黏合在一起而制成的平面结构材料，属玻璃纤维无纺制品。它是仅次于无捻粗纱用量的一类增强型制品，主要用于热固性玻璃钢的增强。短切原丝毡的单丝直径为10~11 μm，集束根数为50、100或200根，毡宽为50~1 930 mm，单位面积质量为

230~916 g/m²。纱中浸润剂含量一般为0.6%~1.0%，黏结剂含量为3%~6%。

连续原丝毡俗称连续毡，是用黏结剂将未切断的、经抛甩而随机分布的连续玻璃纤维原丝，黏结在一起而制成的平面结构材料，属玻璃纤维无纺制品。连续原丝毡具有很好的覆盖性和加工特性，特别适合于具有深模腔或复杂曲线的对模模压（包括热压和冷压）。

表面毡是由玻璃纤维单丝（定长或连续的）黏结而制成的紧密薄片，被用作复合材料的表面层。表面毡可用作增强塑料制品的表面耐腐蚀层，或者用来获得富树脂的光滑表面，防止胶衣层产生微细裂纹，有助于遮住下面的玻璃纤维纹路，同时还能使表面具有一定的弹性，改善其抗冲击性和耐磨性。表面毡可分为标准表面毡、覆盖毡和饰面毡三种。

单丝毡是用黏结剂将连续玻璃纤维单丝结合在一起的平面结构材料。

针刺毡是在针刺毡机组上利用针排的上下运动，将平铺的玻璃纤维通过其本身纵向相连，形成的一定厚度的毡材，属玻璃纤维无纺制品。其制备原理是把无捻粗纱切割成一定的长度，随机铺放在预先置于传送带的底材上；或者也可以不用底衬，然后用带毛刺的针进行穿刺，针上的毛刺抓住短切纤维，并使其穿透底材，使两者结合。针刺毡主要用于对模法。无底材的针刺毡可用于增强热塑性塑料，支撑片材经冲压成型为制品。

短切原丝，又称短切纤维，是将连续玻璃纤维原丝切成长度为3~12 mm的丝段，短切后分散成单股原丝得到的。短切原丝主要用于团状模塑料（bulk molding compound, BMC）。

磨碎纤维是在锤磨机中，将连续玻璃纤维锤磨成0.4~0.6 mm的长度而制成的。这种纤维经常作为玻璃钢的惰性无机填料，在填充和表面修整作业中使用。

以玻璃纤维纱线为原料制造的玻璃纤维织物，主要有玻璃布、玻璃带、单向织物、三向织物、异形织物、槽芯织物、缝编织物等。

玻璃布分为无碱和中碱两类。这类织物主要用于生产各种电绝缘层压板、印刷线路板、各种车辆车体、贮罐、船艇、模具等。其中，中碱玻璃布主要用于生产涂塑包装布，以及用于耐腐蚀的场合。

玻璃带分为有织边带和无织边带（毛边带）。所有玻璃带均经过热清洗和表面处理，常用于制造高强度、高介电性能的电气设备零部件。

单向织物是一种由粗经纱和细纬纱织成的织物。这类织物在经纱方向上具有高强度，可用于制造耐压较高的薄壁圆筒和玻璃钢氧气瓶。

三向织物通常是指经、纬向加上垂直方向的纱所制成的立体结构织物。但从严格意义上讲，三向织物并不是在三维方向上的织物，它是由三股纱在织物平面内的三个不同方向上织成的平面织物，这三个交织方向分别是机器方向、机器方向的+45° 角方向和机器方向的−45° 角方向。这类织物具有较高的层间剪切强度和耐压强度，可用于制造轴承、压力容器等增强塑料制品。

异形织物的形状和它所要增强的制品的形状非常相似，必须在专用的织机上织造。对称形状的异形织物有圆盖、锥体、帽、哑铃形织物等，异形织物也可以制成箱、船壳等不对称形状。

槽芯织物是由两层平行的织物，用纵向的竖条连接起来所组成的织物，其横截面的形状可以是三角形或矩形。

缝编织物是用细编线将经纱和纬纱层编织起来制成的。在缝编织物中，经纱精确地平行排列，而纬纱层则偏离水平线斜置。纬纱层是将两组平行的线按一定的交角排列而成的。这种由经纱、纬纱和编线构成的三组纱系统，具有一定的网眼结构，其平滑性和均匀性都比普通织物差，但比容较高，既有机织布的方向性好和强度高的优点，又有毡的结构疏松、浸透性好、纤维变形小的优点。这类织物可用于生产电绝缘和其他通用的增强材料。

④碳/石墨纤维

近年来，碳/石墨纤维这种高性能纤维增强材料已得到广泛使用，目前主要应用于汽车、飞机、宇航和体育运动等领域。这类材料的特点是强度和模量高、密度低、热膨胀系数低、摩擦因数低、耐化学性好。

碳/石墨纤维制品的形式，有较低强度、较低模量的毡，以及高强度、高模量的连续纤维和短纤维。碳/石墨纤维可以浸渍热固性树脂，成为高强度、高模量、低密度的预浸料，也可用于增强尼龙、聚砜、热塑性聚酯、聚硫苯、聚碳酸酯、聚丙烯、聚酰胺酰亚胺和乙烯/四氟乙烯共聚物等热塑性塑料。

⑤硼纤维

硼纤维具有很高的单轴抗拉强度和耐压强度。

⑥陶瓷纤维

陶瓷纤维主要包括连续氧化铝和碳化硅纤维。美国3M公司生产的Nextel 312纱线，含硼氧化铝连续纤维。这种纱线的特点是耐高温（1 370~1 650 ℃），弹性模量和耐压强度高，化学稳定性好。陶瓷纤维主要用于制造飞机、体育运动器具、耐腐蚀零部件、制动衬垫或者摩擦材料。

⑦石英和高硅氧纤维

石英纤维是用高纯度天然石英晶体（SiO_2含量不低于99.95%）生产的纤维材料。高硅氧纤维是以含碱玻璃纤维或者E玻璃纤维为胎体，经过酸沥滤和烧结制成的一种SiO_2含量在95%以上的纤维材料。由于SiO_2含量和制造方法不同，石英纤维的抗拉强度是高硅氧纤维的5倍。但两者都具有较好的尺寸稳定性、化学稳定性、耐高温性和电绝缘性。这两种材料主要用作火箭和航天器的耐烧蚀材料。

⑧金属纤维

金属纤维可以用作各种塑料的增强材料，但由于价格昂贵，生产成本太高，一般主要用于需要导电、导热和抗电磁干扰的某些特殊用途。

金属纤维、碳/石墨纤维和镀金属的E玻璃纤维，组成了一类特殊的导电纤维。随着电子工业的迅速发展，导电纤维增强塑料复合材料作为抗电磁干扰的屏蔽材料，越来越受到重视，应用也越来越广阔。

（2）短纤维增强材料

注射、拉挤和树脂传递等玻璃钢/复合材料的成型方法，要求增强材料具有较好的流动性，能进入模制品的边和角，短纤维在其中能起到长纤维起不到的增强作用。和其他填料相比，短纤维具有较高的强度、模量和韧性，还可以赋予制品以导电性、导热性等特殊性能，并能降低热膨胀系数和减小模型收缩等。

属于这类纤维的有晶须、微纤维、矿物纤维，以及在连续纤维的基础上经过二次加工制成的短切纤维、磨碎纤维和短金属纤维等。这里主要介绍前三者。

①晶须

晶须是一种直径极细（直径一般为微米或亚微米数量级）高纯度、高度取向的单晶纤维，也是一种达到极限强度的短纤维增强材料。现在，可以制造相应的晶须的材料在100种以上，其中包括金属氧化物、碳化物、卤化物、氮化物、石墨，以及有机化合物等。

②微纤维

微纤维是一种多晶纤维。和晶须相比，其制造方法简便，成本低，但其纯度、结晶完整性和力学性能（特别是韧性和伸长率）都比晶须差。微纤维性脆易断，因此在混合和加工时必须注意。属于微纤维的材料有钛酸钾纤维、硫酸钙纤维（富兰克林纤维），以及经过加工的矿渣纤维等。

③矿物纤维

矿物纤维是一种天然的短纤维，需要经过加工后才能使用。这类纤维主要有石棉纤维（温石棉）和硅灰石纤维。

（3）球状填料

球状填料有空心和实心两种，其直径均小于200 μm。球状填料的材质可以是陶瓷、碳、有机物、玻璃等，但主要是玻璃微珠。

微珠具有很好的流动性，能使应力分布更加均匀。它的球形表面积与体积的比值最小，因此微珠表面和树脂间的黏性阻力也比其他形状的填料小。空心和实心微珠的相对密度都较小，特别是空心微珠，其相对密度为0.15~0.38，因此使用空心微珠可以减轻塑料系统的质量。实心微珠具有较高的抗碎裂能力。

（4）片状增强材料

片状增强材料是一类特殊的增强材料，其特点是在一个平面内提供增强效果，而非沿轴向增强。片状增强材料的模量、强度、热膨胀系数和收缩率等，在平面上都是各向同性的。

薄片增强材料包括云母片、玻璃鳞片、二硼化铝结晶、圆钢片和小钢片、氧化铝薄片、碳化硅薄片等。

（5）带状增强材料

带状增强材料的特点是在带状平面上，与无规则排布的纤维毡类一样，具有各向同性的增强效应。而且，带状增强材料的横截面为矩形，具有比纤维更高的堆砌密度，因此当两种复合材料力学性质相似时，带状增强材料的体积用量要比纤维少50%~60%。带状增强材料具有较高的纵横（宽度/厚度）比，当纵横比大于100时，横向剪切性能高达纵向性能的90%。除了力学性能外，带状增强材料还比纤维增强材料具有更好的膨胀性和迁移性。

带状增强材料包括玻璃带、石墨膜和硼膜等。

①玻璃带

玻璃带可以由钠钙玻璃、碱性硅酸铅和钾钠锌硼硅酸盐玻璃制备，也可以由E玻璃或S玻璃制备。玻璃带的宽度为3~4 mm，厚度为0.025~0.076 mm；具有高度可挠性，能够卷于卷轴上；强度可达0.24~2.85 GPa；具有较低的热膨胀系数、较好的电性能和耐腐蚀性能。这种材料主要用于缠绕管道、机翼、飞船船体、铁路油槽车、汽车车身、铠装轮胎等制品生产中。

②石墨膜和硼膜

石墨膜和硼膜可用于纤维复合材料中螺栓孔的增强，制造高性能薄型层合材料、蜂窝结构表皮、风机机翼，以及要求比强度和比模量高的部件。

2. 基体材料

制备树脂荃复合材料所用的基体材料分为热固性树脂和热塑性树脂两大类。

（1）热固性树脂

热固性树脂是主要的玻璃钢用树脂品种，在加热或引发剂和促进剂的作用下，发生交联而变成不溶且不熔的网状结构，制成成品后就不能再熔融或成型。这类树脂包括酚醛树脂、环氧树脂、不饱和聚酯树脂、呋喃树脂、有机硅树脂、三聚氰胺树脂、聚邻苯二甲酸二丙烯酯和聚间苯二甲酸二丙烯酯等，其中，以不饱和聚酯树脂、环氧树脂和酚醛树脂用量多、应用广。

（2）热塑性树脂

热塑性树脂是一类具有线型或支链型结构的有机高分子化合物，其特点是在熔融状态下，可以成型为一定形状的制品，冷却后定型；再加热熔融，还可制成另一形状的制品，这样重复多次，而其物理机械性能不发生显著变化。热塑性玻璃钢可以一次性制成形状十分复杂且尺寸非常精密的制品，其生产周期容易被掌握。这类树脂包括聚苯乙烯、聚甲基丙烯酸甲酯、聚氯乙烯、聚苯醚、聚苯硫醚、聚碳酸酯和聚丁烯对苯二酸酯等。

（二）成型工艺

玻璃钢产品成型的工艺方法有很多，由于它是树脂基纤维增强材料，是不同树脂与不同纤维增强材料的复合，因此为采用不同工艺方法创造了有利条件。

玻璃钢产品成型方法的选择，取决于制品的形状、厚度、增强材料组成、要求的物化性能以及产量等因素。

常见的成型工艺有缠绕成型、模压成型、拉挤成型、树脂传递模塑成型（resin transfer molding, RTM）、真空辅助树脂灌注成型（vacuum assisted resin infusion molding,

VARIM）、树脂膜渗透成型（resin film infusion, RFI）、复合材料液体模塑成型（liquidcom posite molding, LCM）、反应注塑成型（reaction injection molding, RIM）、热压罐成型、层压成型、袋压成型、低压成型、干法成型、湿法成型、离心成型、连续成型、喷射成型、热膨胀模成型、热熔预浸渍工艺、自动铺带技术（automated tape-laying, ATL）、自动纤维铺放技术（automated fibre placement, AFP）、手糊成型、卷管成型等。

1. 缠绕成型

缠绕成型是将浸过树脂胶液的连续纤维（或布带、预浸纱）按照一定规律缠绕到芯模上，然后经固化、脱模，使之成型复合材料制品的一种工艺方法。根据纤维缠绕成型时树脂基体的物理化学状态不同，缠绕成型可分为干法缠绕、湿法缠绕和半干法缠绕三种。这种工艺具有生产效率高和成本低的特点，可用于制作玻璃钢管道、储罐、压力容器、火箭发动机壳体、发射管等产品。

2. 模压成型

模压成型是将一定量的模压料装入金属对模中，借助压力和温度使之固化成型复合材料制品的工艺方法。包括团状模塑料模压、片状模塑料模压、织物模压、层压模压、定向铺设模压等。液压机是模压成型的主要设备，为模压成型提供所需的压力及开模脱出制品的脱模力。模压成型的优点有：生产效率高；制品尺寸精确，表面光洁；重复性好；一些复杂结构的制品可一次成型，无须二次加工；易实现机械化和自动化等。但模具的设计制造复杂、设备及模具投资较高、制品尺寸受设备限制，因此一般只能生产中小型制品。

3. 拉挤成型

拉挤成型是在牵引装置的拉引下，将浸渍树脂胶液的连续纤维或其制品，通过成型模加热使树脂固化，连续生产复合材料型材的成型工艺。这种工艺生产效率高，制品的纵向强度和刚度较好，适于生产棒材、型材等。在纵向纤维中可夹入布、毡等，以提高制品的横向强度。

4. 树脂传递模塑成型

树脂传递模塑成型是在模具型腔内铺放按性能和结构要求设计好的纤维增强预制体，然后利用真空或注射装置提供的压力将专用树脂注入闭合的型腔内，直至整个型腔内的纤维增强预制件完全被浸润，最后固化成型复合材料制品的工艺方法。

5. 真空辅助树脂灌注成型

真空辅助树脂灌注成型，又称真空辅助树脂扩散成型、真空灌注成型、真空导入成型，是利用真空袋膜在模具型腔和增强材料间产生较高的真空负压，将液态树脂导入型腔中，使树脂在型腔中流动并浸渍增强材料直至充满型腔，在一定温度或者其他引发条件下固化生产复合材料制品的工艺方法。该工艺由树脂传递模塑成型演变而来，属于复合材料液体模塑成型的一个分支。

6. 树脂膜渗透成型

树脂膜渗透成型是将树脂膜放入模具内，在其上放置纤维预成型体，然后升高温度，在真空作用下使树脂膜熔化浸润纤维，固化成型复合材料制品的工艺方法。

7. 复合材料液体模塑成型

复合材料液体模塑成型是一类复合材料成型工艺的统称，主要包括树脂传递模塑成型、真空辅助树脂灌注成型、树脂膜渗透成型等。这类工艺的共性是使用压力或者在真空中将液态树脂注入铺有增强材料的封闭型腔中，或加热熔化预先放入型腔内的树脂膜，使液态树脂在流动充模的同时完成对增强材料的浸渍，然后固化成型。

8. 反应注塑成型

反应注塑成型是将纤维或其制品预先放入模具中，当两种高反应活性的液态物料在较高压力下混合均匀后立即注射，经快速固化成型复合材料制品的方法。

9. 热压罐成型

热压罐成型也称真空袋-热压罐成型，是将用真空袋封装的复合材料坯件组合件放入热压罐中，利用电、蒸汽或其他介质加热、加压，使组合件固化成型复合材料制品的方法。这种成型工艺通常用预浸料铺贴坯件。由于坯件是在压力下固化的，制品具有密实性好、孔隙含量低等优点，因此这种工艺是航空、航天部门生产聚合物基复合材料制品常用的制造技术。

10. 层压成型

层压成型是将浸有或涂有树脂的增强材料层叠（二层或多层），组合成叠合体，送入带加热系统的压机，在加热和加压的条件下，使之固化成型复合材料板或其他形状简单的复合材料制品的方法。在成型过程中，树脂无明显的流动。这种工艺具有机械化和自动化程度高、产品质量稳定等特点。

11. 袋压成型

袋压成型是利用柔性袋传递流体压力，将铺放在刚性单面模具上的复合材料坯件固化成型的工艺方法。

12. 低压成型

低压成型是所施加的压力不大于1.4 MPa的模压或层压成型工艺。

13. 干法成型

干法成型是用预浸料或预混料成型复合材料制品的方法。

14. 湿法成型

湿法成型是将纤维或其制品浸渍树脂胶液后，使之直接成型复合材料制品的方法。

15. 离心成型

离心成型是用喂料机把纤维、树脂、石英砂等浇注到旋转的模具内，或把短切毡铺在空心模内再加入树脂，同时旋转空心模并加热、快速固化的成型工艺，主要用于复合材料管道的生产。

16. 连续成型

连续成型是在同一机组上，将浸胶、固化、成型等工序连续起来制造复合材料制品的方法。

17. 喷射成型

喷射成型是用喷枪成型的工艺方法的总称。在复合材料制造中，喷射成型是指将树脂混合物及短切纤维同时喷射到模具上成型制品；在泡沫材料制造中，喷射成型是指将能够快速反应的树脂，如环氧树脂、聚氨酯类树脂，连同催化体系喷射到模具表面上发泡和固化，制成泡沫制品。

18. 热膨胀模成型

热膨胀模成型是采用热膨胀系数较大的材料制作阳模或芯模，加热固化时，在刚性外模的配合下，热膨胀产生压力，对制品进行加压的成型方法。

19. 热熔预浸渍工艺

热熔预浸渍工艺是将树脂基体加热熔融后浸渍增强材料的过程。与溶液浸渍法相比，这种工艺具有工艺过程无溶剂，减少环境污染，节省材料，树脂含量控制精度、产品质量和生产效率高等优点。

20. 自动铺带技术

自动铺带技术是将一定宽度的单向预浸料按照预定程序逐层自动铺贴到模具上的铺层技术。

21. 自动纤维铺放技术

自动纤维铺放技术是将预浸纤维束按照预定程序自动铺放到模具上的铺贴技术。这种成型技术兼备了纤维缠绕成型和自动铺带技术的优点，但比纤维缠绕成型和自动铺带技术更先进，对制品的适用性更强。

22. 手糊成型

手糊成型也称接触成型，制造时，在涂好脱模剂的模具上，手工铺放增强材料并涂刷树脂胶液，使之充分浸渍树脂并赶除空气后，固化成型复合材料制品。每次糊制的厚度宜小于5 mm，产品厚度超过5 mm时，可多次糊制。

23. 卷管成型

卷管成型是将卷管用胶布在卷管机上热卷成型的一种制造玻璃钢管的方法。这种方法的优点是成型方法简便，缺点是需要玻璃布做增强材料，只能制作定长管，且一般因无表面毡与短切毡构成的富树脂层，故使用受到一定限制。

第二章
应用图集

想要轻易地理解FRP的性能是有难度的。所以，本书将把重点放在通过FRP的具体应用上，尽可能简单易懂地叙述FRP性能的总体概念。本章中将已经投入实际使用的FRP产品分为15个应用领域，并简单介绍了各应用领域中的代表制品。

图片提供：江苏海鸥冷却塔股份有限公司

图片提供：广东览讯科技开发有限公司

图片提供：中化工程沧州冷却技术有限公司

图片提供：上海良机冷却设备有限公司

大型工业冷却塔

原 材 料 玻璃纤维、不饱和聚酯树脂

成型方法 手糊成型、拉挤成型

特　　征 防腐蚀；抗老化；经久耐用

应用场景 电站发电厂、石油化工、炼化一体化、冶金、新能源、储能、含有腐蚀性介质的化工循环水系统、以海水为循环水介质的系统等

图片提供：上海金日冷却设备有限公司

图片提供：中冷智元环境技术（安徽）有限责任公司

民用冷却塔

原 材 料 玻璃纤维、不饱和聚酯树脂

成型方法 手糊成型、拉挤成型

特　　征 防腐蚀；抗老化；经久耐用

应用场景 数据中心、宾馆、酒店、写字楼、商场、医院、机场、地铁等

图片提供：北京玻钢院复合材料有限公司

气瓶

原 材 料 金属内衬、碳纤维、环氧树脂

成型方法 纤维缠绕成型

特 征 质轻；强度高；失效形式安全；耐腐蚀性能好

应用场景 卫星及航天复合压力容器、军用飞机、航天飞机、消防呼吸器、民用飞机、海上石油平台、新能源汽车等

图片提供：胜利油田北方实业集团有限责任公司

储罐

原 材 料 玻璃纤维缠绕纱、纤维毡、树脂

成型方法 手糊成型、纤维缠绕成型

特　　征 耐酸碱；抗老化；不腐烂；耐高温；可以应对各种化学溶剂、油类等；使用寿命长；成本远低于不锈钢等材料

应用场景 油田、制药厂、化工厂、食品发酵与储存等

图片提供：胜利油田北方实业集团有限责任公司

SF 双层油罐

原 材 料 玻璃纤维、毡、树脂

成型方法 手糊成型、喷射成型

特　　征 SF双层油罐与单层油罐相比，不仅使用寿命长、防腐性能好、强度高、自重轻、运输成本低、运行维护费用低，还在双壁间的夹层装有24小时连续监测系统，无论是内壁还是外壁发生渗漏，夹层内的传感器均可自动感应并报警，从而确保人们在成品油渗漏到环境之前采取应对措施，对保护土壤和地下水资源具有重要意义

应用场景 加油站

图片提供：威海克莱特菲尔风机股份有限公司

碳纤维冷却风扇

原 材 料 碳纤维、树脂

成型方法 模压成型

特　　征 叶片为机翼型扭曲叶片；效率高；噪声低；外形美观

应用场景 电站、厂房、宾馆、商场、饭店等

图片提供：南京白港复合材料有限公司

传动轴及设备导辊

原 材 料 碳纤维、环氧树脂

成型方法 纤维缠绕成型

特　　征 质轻；易维护；跨度大；耐腐蚀；寿命长；挠度小；临界转速高；强度高

应用场景 冷却塔风机、风力发电、纺织机械等

图片提供：北京玻璃钢研究设计院有限公司

钻井平台格栅

原 材 料　玻璃纤维、不饱和聚酯树脂、乙烯基酯

成型方法　模塑成型

特　　征　防腐；寿命长；轻量化

应用场景　海洋钻井

图片提供：南通时瑞塑胶制品有限公司

玻璃钢结构平台

原 材 料　无碱玻璃纤维、不饱和聚酯树脂

成型方法　模塑成型

特　　征　既满足力学载荷要求，又满足整体耐腐蚀、阻燃、绝缘、透波、无磁、质轻等功能性要求

应用场景　化工、电力、市政、新能源

图片提供：南通时瑞塑胶制品有限公司

玻璃钢格栅走道

原 材 料 无碱玻璃纤维、不饱和聚酯树脂

成型方法 模塑成型

特　　征 具有强度高、R13级防滑、信号醒目（黄色）、绝缘而无须接地等优点；能确保员工和旅客的安全，尤其是在恶劣的天气条件下

应用场景 轨道交通、化工、市政

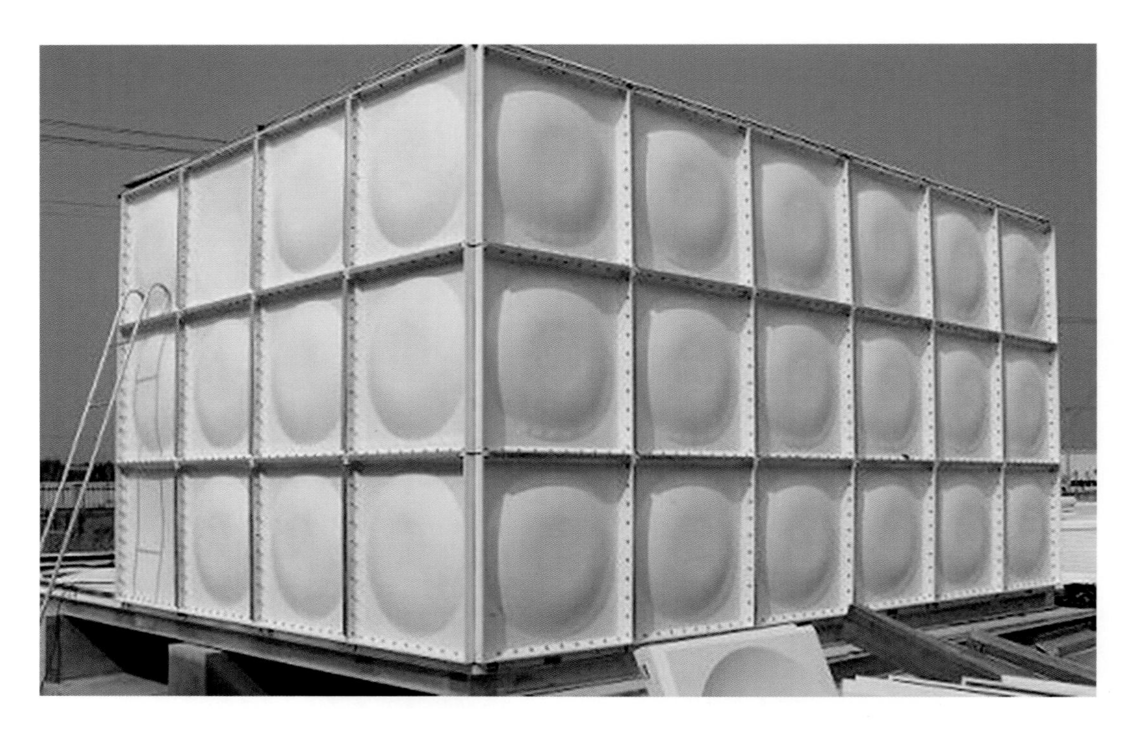

图片提供：北京玻璃钢研究设计院有限公司

水箱

原 材 料　SMC

成型方法　模压成型

特　　征　强度高；耐腐蚀；易清洁；不易破损；经久耐用

应用场景　城市建设

图片提供：河南四通集团有限公司

玻璃钢拉挤缠绕管

原 材 料 玻璃纤维、毡、树脂

成型方法 拉挤–缠绕成型（采用玻璃钢伺服液压拉挤缠绕设备）

特　　征 环刚度高；拉伸强度高；内壁光滑；导热性好；耐高低温；绝缘性好；阻燃性强；耐腐防水；易运易装；环保

应用场景 建筑、市政建设、民航机场、港口码头、轨道交通、电力电网等

图片提供：胜利油田北方实业集团有限责任公司

玻璃钢高压井下管

原 材 料　玻璃纤维、环氧树脂

成型方法　纤维缠绕成型

特　　征　防腐性能好；水力特性好；维修成本低；质轻；强度高；管道落井的可能性低

应用场景　油气田、煤层气、温泉

图片提供：晋江固奇艺新材料科技有限公司

智能护罩

原 材 料　玻璃纤维、碳纤维、不饱和聚酯树脂

成型方法　树脂传递模塑成型、手糊成型

特　　征　质轻；强度高；耐腐蚀；美观；科技感强

应用场景　建材加工

图片提供：胜利油田北方实业集团有限责任公司

游梁式抽油机半封闭玻璃钢护罩

原 材 料　玻璃纤维、毡、树脂

成型方法　手糊成型、模压成型

特　　征　设计合理、结构简单；抗干扰性强；动作可靠；实用性强；通过添加阻燃剂、耐磨材料和防紫外线剂，达到阻燃、耐磨、抗老化的效果；能够和抽油机旋转部位、抽油电机完美地衔接在一起，提高抽油机的安全防护能力的同时，美化抽油机的外形

应用场景　油田

图片提供：河南四通集团有限公司

户外表箱

原 材 料 玻璃纤维、不饱和聚酯树脂

成型方法 模压成型

特　　征 密封和防水性能好；强度高；耐腐蚀；免维护；抗冲击；绝缘性好；可防窃电；无须接地线；外形美观

应用场景 户外水、电、气计量表箱

镐手柄

锹手柄

图片提供：秦皇岛耀华装备集团股份有限公司

工具手柄

原 材 料 无碱玻璃纤维、树脂

成型方法 拉挤成型

特　　征 质轻；强度高；耐腐蚀；耐老化；绝缘性好；外形美观；抗冻性好（−40 ℃不脆化）；抗热性好（60 ℃不软化变形）；环境综合影响小等

应用场景 镐、锹、耙等常用带把手工具

图片提供：河南四通集团有限公司

玻璃钢化粪池

原 材 料　玻璃纤维、树脂

成型方法　模压成型

特　　征　质轻；强度高；运输和安装便利；建设周期短；有效容积大；性价比高；密封性好；不容易发生渗漏；不污染地表水，环境友好；耐老化、耐酸碱，使用寿命可达50年以上

应用场景　农村厕所改造、工业企业生活区和城市居民生活小区等民用建筑的生活污水净化处理

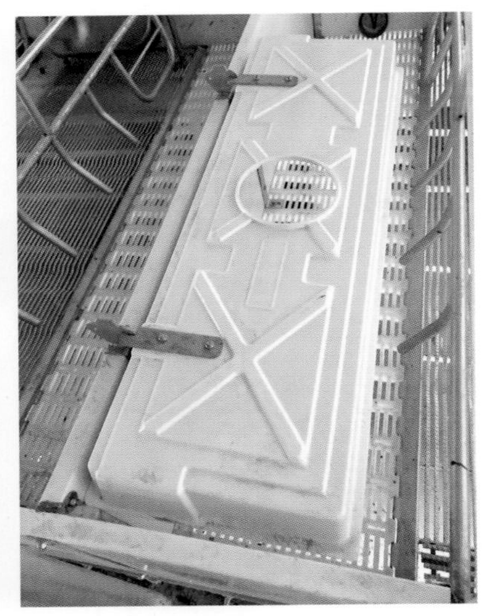

图片提供：河南安塞机制玻璃钢实业有限公司

养殖用保温盖板

原 材 料 玻璃纤维纱、不饱和聚酯树脂

成型方法 模压成型

特　　征 隔绝热能向上流失

应用场景 规模化猪场的猪用产床及保育床

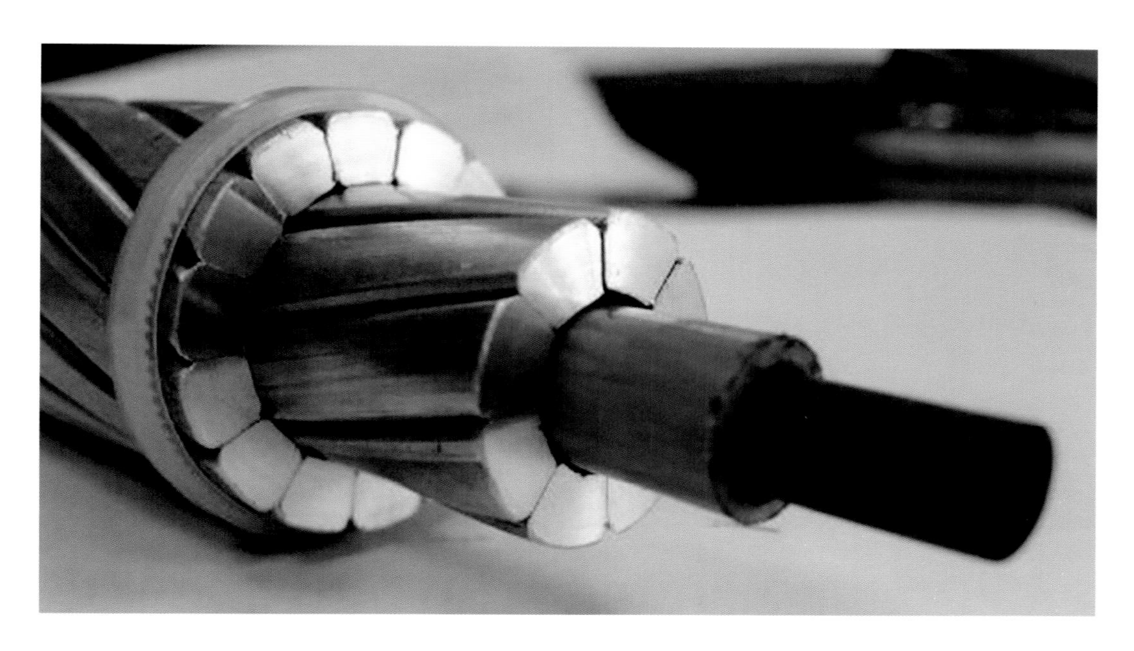

图片提供：河北硅谷化工有限公司

复合材料芯导线

原 材 料 碳纤维、高强度玻璃纤维、高T_g（≥200 ℃）环氧树脂

成型方法 拉挤成型

特　　征 碳纤维复合芯导线是一种全新概念的架空输电线路用导线，具有同规格传统钢芯导线2倍的输送能力；其芯棒具有强度高（2 400 MPa）、耐高温（长期160 ℃）、弧垂低（线胀系数1.0×10^{-6}/℃）、质轻（体积密度≤1.85 g/cm^3）的特点；绞合导线具有节能、环保和寿命长、性价比高的特点

应用场景 高压架空输电线路

图片提供：北京玻钢院复合材料有限公司

玻璃钢天线罩

原 材 料　无碱玻璃纤维、聚氨酯泡沫

成型方法　真空袋成型

特　　征　具有良好的电磁波穿透特性；能经受外部恶劣环境的作用

应用场景　气象、环境监测、水利等

图片提供：北京玻钢院复合材料有限公司

舰船载天线罩

原 材 料 无碱玻璃纤维、聚氨酯泡沫

成型方法 真空袋成型

特　　征 保护天线，避免其受到自然界中暴风雨、冰雪、沙尘以及太阳辐射等的侵袭，保证天线精度、工作寿命和可靠性

应用场景 航海船舶

图片提供：北京玻钢院复合材料有限公司

车载天线罩

原 材 料 无碱玻璃纤维、聚氨酯泡沫

成型方法 真空袋成型

特　　征 保护天线，避免其受到自然界中暴风雨、冰雪、沙尘以及太阳辐射等的侵袭，保证天线精度、工作寿命和可靠性

应用场景 车载领域

图片提供：北玻电力复合材料有限公司

复合材料格构式输电塔

原 材 料　玻璃纤维、环氧树脂/聚氨酯树脂

成型方法　真空灌注成型、拉挤成型

特　　征　可有效减少输电线路占地，并减小电气间距实现压缩走廊；同时也可显著减少雷击闪络故障概率，抗冰闪、抗舞动等；在浸水受潮、污秽附着的情况下，仍能保持足够优良的绝缘性能

应用场景　电力工程

图片提供：北京玻璃钢研究设计院有限公司

复合材料绝缘子

原 材 料 玻璃纤维、环氧树脂、硅橡胶

成型方法 拉挤成型、反应注塑成型

特　　征 质轻；强度高；绝缘性好；耐污秽；寿命长

应用场景 电力工程

图片提供：清华大学

聚氨酯缠绕电杆

原 材 料　玻璃纤维、聚氨酯树脂

成型方法　纤维缠绕成型

特　　征　绝缘性好；耐候性好

应用场景　电力工程

图片提供：公元股份有限公司

电缆保护套管

原 材 料 玻璃纤维、不饱和聚酯树脂、聚氨酯树脂

成型方法 编织+缠绕拉挤成型

特　　征 强度高；抗冲击；耐腐蚀；质轻；安装方便；综合性能优于传统钢管和塑料管

应用场景 电力电缆线埋地保护、光纤线保护

图片提供：南京斯贝尔复合材料仪征有限公司

玻璃钢集成空调围护架

原 材 料　玻璃纤维、不饱和聚酯树脂

成型方法　拉挤成型

要求性能　可安装固定空调、可抗风

主要规格　空调托架920 mm宽或1 200 mm宽，挑出650 mm；百叶护栏920 mm宽，高度可定制；颜色可定制

特　　征　发挥质轻、强度高、耐腐蚀、免维护的特性，既能方便现场施工安装，又能保证安装空调的功能性，还能达到丰富建筑外立面的效果

应用场景　房屋

图片提供：南京斯贝尔复合材料仪征有限公司

玻璃钢集成飘窗

原 材 料 玻璃纤维、不饱和聚酯树脂

成型方法 拉挤成型

要求性能 可承重、易安装、节能环保

主要规格 挑出长度650 mm；宽度以300 mm为模数，可随意拼装

特　　征 质轻；强度高；耐腐蚀；热工性好；隔音性好；实现了提质增效、降人工、降成本

应用场景 房屋

图片提供：南京斯贝尔复合材料仪征有限公司

玻璃钢大矩形管

原 材 料　玻璃纤维、玻璃纤维毡、树脂

成型方法　拉挤成型

主要规格　共17 m跨度，高2.8 m；上、下大梁总重1.2 t，比钢结构（6 t）轻80%

特　　征　质轻；安装施工简易、快速，现场仅使用轮轴完成吊装，省时省力

应用场景　建筑

图片提供：北京玻钢院复合材料有限公司

玻璃钢桁架桥

原 材 料　玻璃纤维、环氧树脂

成型方法　拉挤成型

特　　征　质轻；强度高；耐腐蚀；易安装；有一定的载重性能

应用场景　桥梁

图片提供：北京玻钢院复合材料有限公司

茅以升公益桥

原 材 料 玻璃纤维、环氧树脂

成型方法 拉挤成型

特　　征 架设速度快；抗腐蚀能力强；抗超载和抗疲劳

应用场景 桥梁

图片提供：南京斯贝尔复合材料仪征有限公司

人行天桥

原 材 料 玻璃纤维、玻璃纤维毡、树脂

成型方法 拉挤成型

主要规格 总跨距101 m

特　　征 安装方便，材料进场后直接组装安装，2小时完成吊装；独特的拼装设计可以有效地减少建造成本，节省建造时间

应用场景 西班牙桥梁

图片提供：东南大学

波形钢腹板－玻璃钢桥面板组合梁

原 材 料 玻璃纤维、乙烯基酯树脂

成型方法 拉挤成型

特　　征 主梁采用波形钢工字梁，桥面为玻璃钢桥面板，该结构充分利用波形钢工字梁优越的抗剪承弯能力，以及玻璃钢材料抗拉、抗疲劳、抗腐蚀能力强的优点，实现了主桥结构的装配化施工

应用场景 桥梁

图片提供：南京斯贝尔复合材料仪征有限公司

玻璃钢桥梁封闭系统

原 材 料 玻璃纤维、玻璃纤维毡、树脂

成型方法 拉挤成型

主要规格 主桥长475 m，主跨300 m，锚跨及背跨175 m；大桥全长2 480 m；桥面设计载荷2.5 kN/m²

特　　征 针对大型钢结构桥梁，用玻璃钢拉挤型空腹板组合成封闭的外壳，将桥面下原本暴露的钢梁围护起来，起到降低风阻、减少维护费用、美观的效果；抗腐蚀；导电性低；质轻；强度高；尺寸稳定性好；安装便捷迅速

应用场景 桥梁

图片提供：清华大学

大型桥梁曲面装饰体

原 材 料　复合材料、泡沫夹芯

成型方法　手糊成型、CNC+VARTM（数控机床+真空辅助树脂传递模塑成型）

特　　征　耐腐蚀；美观；易安装；质轻；强度高；热工性能好；耐久性好；高度及宽度可以灵活变化

应用场景　景观桥

图片提供：清华大学

曲面建筑结构

原 材 料　复合材料、泡沫夹芯

成型方法　手糊成型、CNC+VARTM

特　　征　抗风雪荷载、热工性能好、耐久性好、易施工、美观、工艺性好、可实现复杂曲面造型；在满足建筑围护结构多功能需求的同时（承载、节能、耐久、防水和隔声等性能），实现了装配化施工和绿色建筑围护系统节能要求；具有较好的透波性能，有利于5G信号的穿透，可减少5G基站建设数量，促进5G通信网络建设和推广，节约国家投资成本

应用场景　建筑围护、工业园区等

图片提供：北京玻璃钢研究设计院有限公司

山墙装饰板

原 材 料　玻璃纤维、树脂

成型方法　手糊成型

特　　征　质轻；强度高；寿命长；造型美观

应用场景　建筑

图片提供：南京斯贝尔复合材料仪征有限公司

模压、拉挤制品拼装护栏

原 材 料　玻璃纤维、不饱和聚酯树脂

成型方法　拉挤成型、模压成型

特　　征　质轻；强度高；易拼装；耐冲击；耐腐蚀；美观大方；围护成本低；相比铁艺产品更适合沿海地区使用

应用场景　建筑

图片提供：黑龙江众合鑫成新材料有限公司

铝蜂窝复合板

原 材 料 铝蜂窝芯、滚涂铝板、环氧树脂胶黏剂

成型方法 冷压成型、真空袋成型

特　　征 采用蜂窝夹层结构，既起到了装饰的作用，又增加了建筑保温、隔音、隔热效果；蜂窝夹层结构便于维护安装，质轻、平整度好；蜂窝夹层结构带有自洁效果，减少了清洗次数；采用异形模具成型，可以设计出不同形状的产品

应用场景 建筑

图片提供：南通时瑞塑胶制品有限公司

玻璃钢格栅幕墙

原 材 料　无碱玻璃纤维、不饱和聚酯树脂

成型方法　模塑成型

特　　征　色彩丰富，质感独特，不同的格栅间距形成了极为新颖的平面结构，不管是何种观赏角度或光照条件均效果非凡；不会因光反射而造成光污染，特有的透波性、无磁性在今天的5G时代更显优势

应用场景　建筑

图片提供：秦皇岛耀华装备集团股份有限公司

墙体采光板

原 材 料 短切毡、树脂、防老化薄膜、抗紫外线吸收剂等

成型方法 连续成型

特　　征 有效宽幅：平板＞2 000 mm，波纹板＞1 500 mm；耐温限度：−40~+140 ℃；透光率：雾白透明、耀华蓝透明＞68%，淡蓝透明＞76%，无色透明＞85%（以1.5 mm厚为标准）；阻燃性：二级阻燃＞26%，一级阻燃＞30%；抗紫外线率：≥99.9%；保证年限：20年

应用场景 工业园、物流园等

图片提供：AOC中国/金陵力联思树脂有限公司

复合材料船闸

原 材 料 纤维、Synolite™ 1967-G-9树脂（AOC力联思生产）

成型方法 真空导入成型

特　　征 尺寸和厚度巨大（$W \times H = 6.2\ \text{m} \times 12.9\ \text{m}$）；替代传统材料有效减重；使用寿命长（预计超过80年）；仅需最低限度维护；长期浸水耐久性能好；强度、刚度和韧性优异

应用场景 运河船闸

图片提供：南京斯贝尔复合材料仪征有限公司

停机坪

原 材 料 玻璃纤维、玻璃纤维毡、树脂

成型方法 拉挤成型

特　　征 质轻；综合成本低；材料表面可涂覆防滑层且耐腐蚀；可承载6 t

应用场景 建筑

图片提供：山东金利德机械股份有限公司

玻璃钢锚杆

原 材 料　玻璃纤维、不饱和聚酯树脂/环氧树脂/乙烯基树脂

成型方法　拉挤成型

特　　征　质轻；强度高；耐腐蚀性强

应用场景　混凝土筋

图片提供：北京玻璃钢研究设计院有限公司

组合式房屋

原 材 料　玻璃纤维、不饱和聚酯树脂

成型方法　模压成型、手糊成型

特　　征　质轻；强度高；寿命长；造型美观

应用场景　活动房

图片提供：惠达住宅工业设备（唐山）有限公司

SMC 一体模压组合盆

原 材 料　SMC

成型方法　模压成型

特　　征　材料环保，零甲醛；保温效果好；易清洁；不易破损，经久耐用

应用场景　地产、公寓、酒店、医院、院校等

图片提供：惠达住宅工业设备（唐山）有限公司

装配式浴室

原 材 料 SMC

成型方法 模压成型

特　　征 模组化集成；施工简便，施工成本低；零甲醛，污染小，绿色环保；节省能源；保温；防滑；易清洁

应用场景 地产、公寓、酒店、医院、院校等

图片提供：中材科技风电叶片股份有限公司

风电叶片

原 材 料 玻璃纤维织物、碳纤维织物、拉挤板材、环氧树脂、芯材（轻木、泡沫）、涂料等

成型方法 真空灌注成型

特　　征 具有特定的空气动力形状，能够满足风轮旋转的载荷要求；满足在陆地和海洋环境的耐候性要求

应用场景 风力发电

图片提供：北京玻钢院复合材料有限公司

风电叶片模具

原 材 料　玻璃纤维、不饱和聚酯树脂、环氧树脂

成型方法　灌注成型

特　　征　采用电加热以及冷风快速降温系统，质轻、强度高；SI8X.X主模具及主梁模具首次采用电加热方式进行分区域加热布置，其中主模具还包括快速降温风道口，以便模具能实现快速降温的功能；同时玻璃钢壳体部分电加热模具比水加热模具减重20.5 kg/m^2

应用场景　风力发电

图片提供：沁阳市锦辉风电科技有限公司

风力发电机机舱罩

原 材 料　玻璃纤维、树脂

成型方法　真空导入成型、手糊成型

特　　征　和金属制品相比更轻、更耐用

应用场景　风力发电

图片提供：南通时瑞塑胶制品有限公司

风电塔筒内外平台

原 材 料　无碱玻璃纤维、不饱和聚酯树脂

成型方法　模塑成型

特　　征　具有耐腐蚀、强度高、自重轻、免维护等优点，有助于全面提升海上风电全生命周期的价值和安全

应用场景　新能源、海上风电

图片提供：北京国材汽车复合材料有限公司

大型卡车部件

原 材 料 玻璃纤维、不饱和聚酯树脂、环氧树脂

成型方法 树脂传递模塑成型、真空导入成型、模压成型

特　　征 部件一体化成型；成本低；噪声小

应用场景 大型卡车

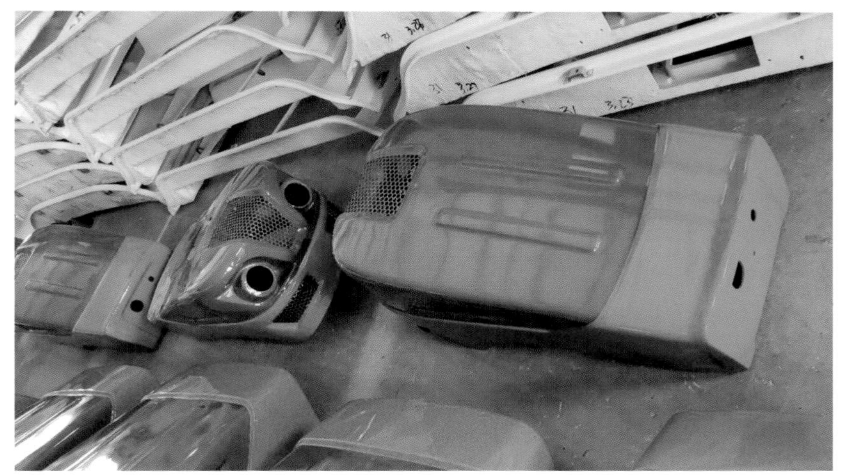

图片提供：武城县晟鑫汽车配件有限公司

履带式拖拉机机罩

原 材 料 无碱玻璃纤维布、不饱和聚酯树脂

成型方法 手糊成型

特　　征 耐高温；耐腐蚀；阻燃性好；可整体设计；维护方便；经久耐用；外形美观

应用场景 果园、蔬菜大棚、丘陵用履带式拖拉机

图片提供：江苏瑞莱克斯房车有限公司

拖挂式房车壳

原 材 料　玻璃纤维织物、不饱和聚酯树脂

成型方法　真空导入成型

特　　征　和金属制品相比更轻

应用场景　车辆

图片提供：武城县晟鑫汽车配件有限公司

小型车壳

原 材 料　无碱玻璃纤维布、不饱和聚酯树脂

成型方法　手糊成型

特　　征　耐腐蚀；外形美观

应用场景　巡逻、观光

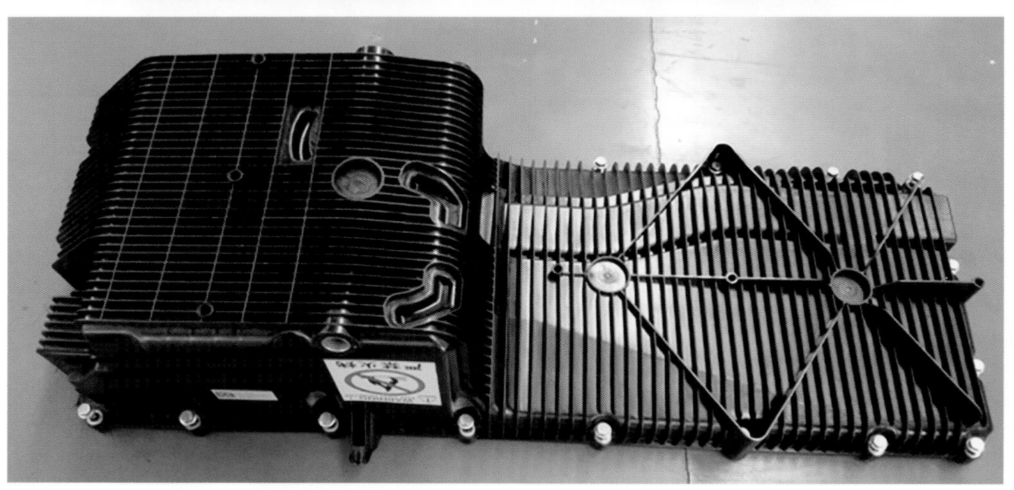

图片提供：北京国材汽车复合材料有限公司

汽车发动机油底壳

原 材 料 玻璃纤维增强尼龙、SMC

成型方法 反应注塑成型、模压成型

特　　征 集成吸油管、密封垫、放油塞、防脱金属螺栓以及油尺安装嵌件等部件；气密性、爆破性以及耐老化性优异

应用场景 汽车发动机

图片提供：北京国材汽车复合材料有限公司

汽车发动机缸盖罩

原 材 料　玻璃纤维增强尼龙、SMC

成型方法　反应注塑成型、模压成型

特　　征　集成机油口盖、密封圈、油封、螺栓、呼吸器等部件；密封性能良好

应用场景　汽车发动机

图片提供：北京国材汽车复合材料有限公司

汽车发动机装饰罩

原 材 料 玻璃纤维、尼龙、聚氨酯树脂

成型方法 注塑成型、发泡成型

特　　征 集成logo（标识）、吸音棉、球头橡胶垫、安装点骨架等部件；发动机舱上方噪声降低约2 dB，车内噪声降低约0.2 dB

应用场景 汽车

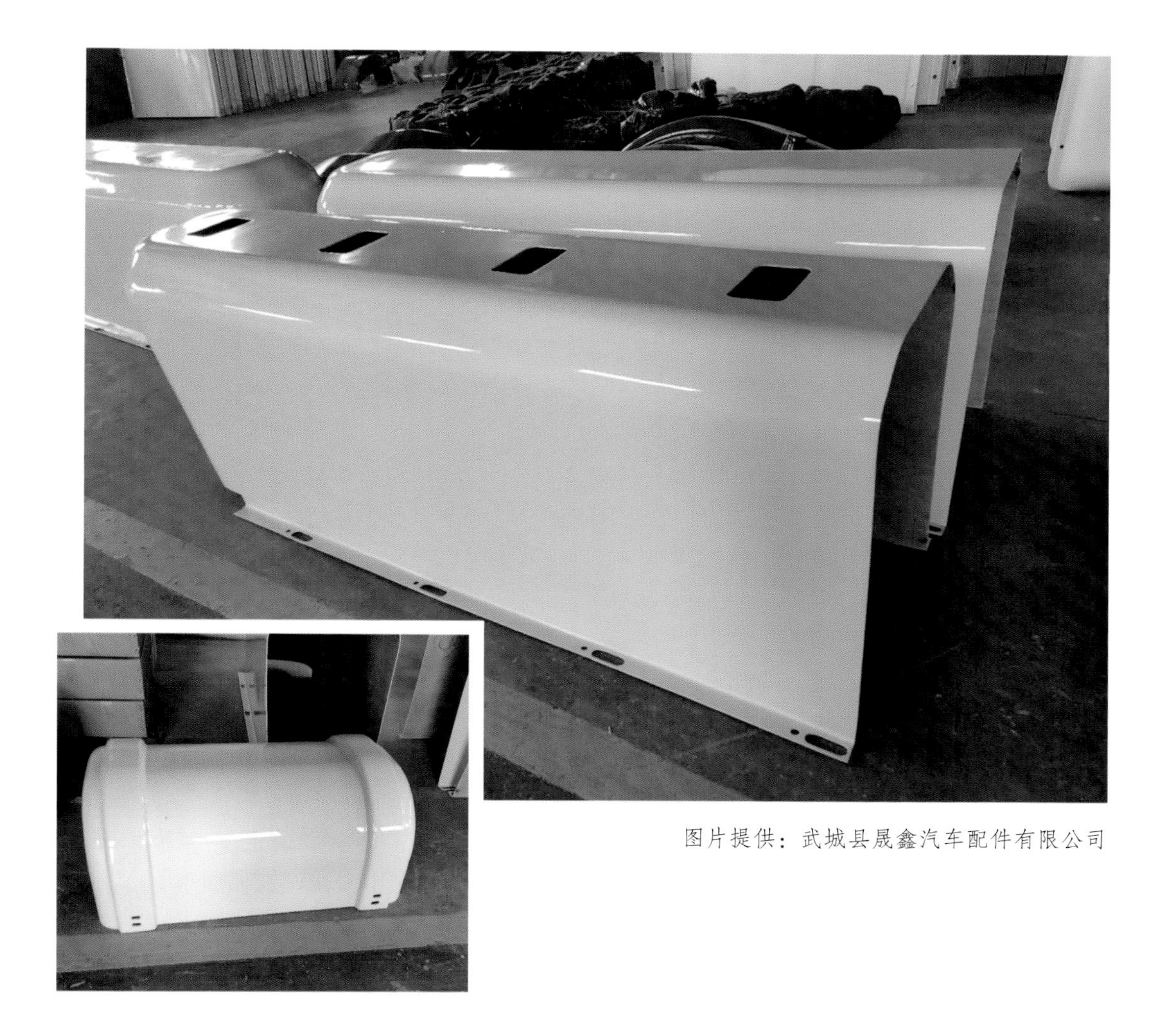

图片提供：武城县晟鑫汽车配件有限公司

特种车辆覆盖件

原 材 料　无碱玻璃纤维布、不饱和聚酯树脂

成型方法　手糊成型

特　　征　耐腐蚀；外形美观

应用场景　重型汽车

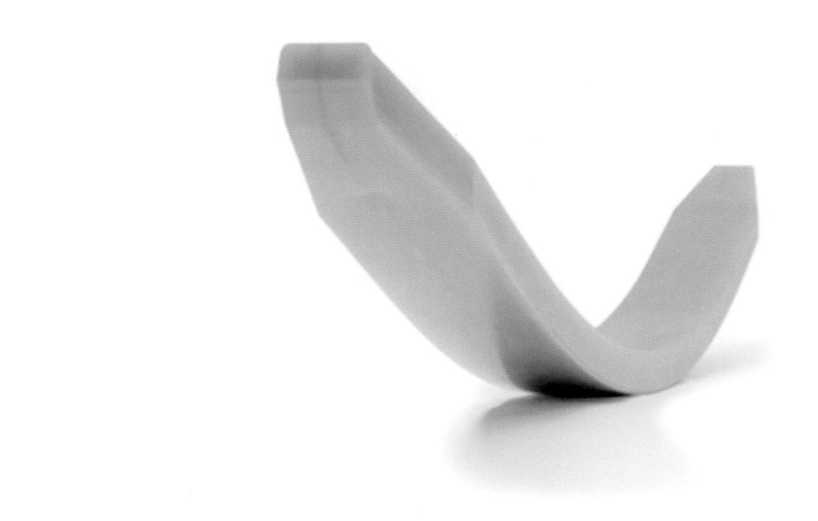

图片提供：北京国材汽车复合材料有限公司

汽车板簧

原 材 料　玻璃纤维、环氧树脂

成型方法　预浸料模压成型

特　　征　比等效钢制变截面少片板簧减重50%以上，比等效钢制多片板簧减重75%以上；“安全断裂”可靠性高，疲劳寿命30万次；部件简化，拆装操作简便；舒适性好

应用场景　汽车底盘

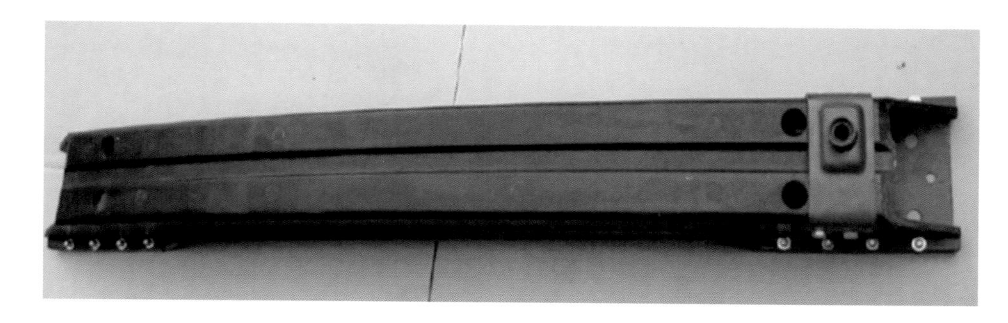

缓冲梁

车顶

图片提供：北京国材汽车复合材料有限公司

车辆内缓冲梁、车顶

原 材 料　玻璃纤维增强尼龙、碳纤维、玻璃纤维、环氧树脂

成型方法　反应注塑成型、树脂膜渗透成型

特　　征　质轻，较传统金属材料减重30%~50%，整车减重效果明显；油耗低；强度高；碰撞吸能，可以有效保护人身安全

应用场景　乘用车

图片提供：北京国材汽车复合材料有限公司

汽车电池包上盖

原 材 料　玻璃纤维、环氧乙烯基酯树脂

成型方法　预浸料模压成型

特　　征　力学性能有较大提升；耐腐蚀性和阻燃性好；综合成本低；减重效果明显；固化温度低，固化速率快；可设计性强；可以解决SMC普遍存在的局部强度与韧性不足的问题

应用场景　新能源汽车

图片提供：厦门鸿基伟业复材科技有限公司

汽车轮毂

原 材 料 碳纤维、环氧树脂

成型方法 模压吹气成型

特　　征 质轻；强度高；减震性好；刚性强；寿命长

应用场景 汽车

动车车头

动车裙板

图片提供：青岛海力威新材料科技股份有限公司

动车车头与裙板

原 材 料　碳纤维、芳纶纤维、玻璃纤维、环氧树脂、不饱和聚酯树脂、酚醛树脂等

成型方法　真空导入成型、模压成型

特　　征　在满足强度和刚度要求的前提下，实现了轻量化

应用场景　轨道交通

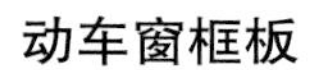

动车窗框板

动车门立柱

图片提供：青岛海力威新材料科技股份有限公司

动车窗框板与门立柱

原 材 料 碳纤维、芳纶纤维、玻璃纤维、环氧树脂、不饱和聚酯树脂、酚醛树脂等

成型方法 真空导入成型、模压成型

特　　征 在满足强度和刚度要求的前提下，实现了轻量化

应用场景 轨道交通

图片提供：青岛海力威新材料科技股份有限公司

悬挂式车头

原 材 料　玻璃纤维、不饱和聚酯树脂

成型方法　真空导入成型、模压成型

特　　征　在满足强度和刚度要求的前提下，实现了轻量化

应用场景　轨道交通

图片提供：青岛海力威新材料科技股份有限公司

北京西郊线地铁车头

原 材 料 玻璃纤维、不饱和聚酯树脂

成型方法 真空导入成型、模压成型

特　　征 在满足强度和刚度要求的前提下，实现了轻量化；隔音效果好

应用场景 轨道交通

图片提供：青岛海力威新材料科技股份有限公司

地铁用座椅

原 材 料 玻璃纤维、不饱和聚酯树脂

成型方法 真空导入成型、模压成型

特　　征 在满足强度和刚度要求的前提下，实现了轻量化

应用场景 轨道交通

图片提供：北京玻钢院复合材料有限公司

轨道交通第三轨防护罩

原 材 料 玻璃纤维、不饱和聚酯树脂

成型方法 拉挤成型、模压成型

特　　征 质轻；强度高；阻燃性能好；耐腐蚀；安装方便；施工效率高；免维护

应用场景 轨道交通

图片提供：北京玻钢院复合材料有限公司

地铁应急疏散平台

原 材 料　玻璃纤维、酚醛树脂

成型方法　拉挤成型

特　　征　结构安全；质轻；强度高；耐腐蚀；安装方便；施工效率高；免维护

应用场景　轨道交通

图片提供：北京玻钢院复合材料有限公司

公路声障板

原 材 料 玻璃纤维、不饱和聚酯树脂

成型方法 拉挤成型

特　　征 隔音效果好；寿命长

应用场景 公路

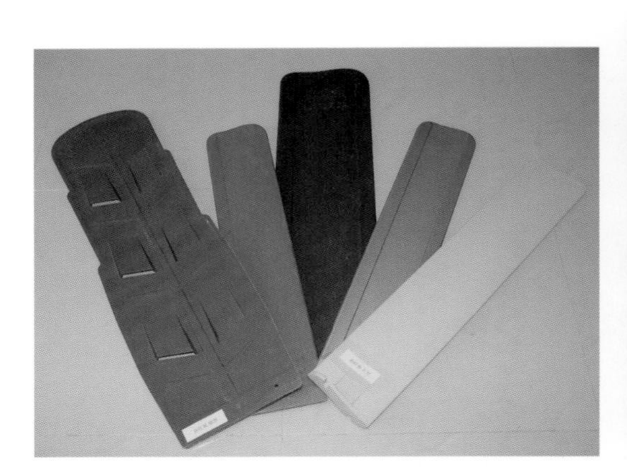

图片提供：北京国材汽车复合材料有限公司

防眩板

原 材 料 玻璃纤维、不饱和聚酯树脂

成型方法 模压成型

特　　征 耐候性好；寿命长

应用场景 公路

图片提供：广东鸿运船艇科技有限公司

流刺网渔船

原 材 料　船级社认证的船用材料，包括多轴向复合增强纤维、不饱和聚酯树脂、乙烯基树脂、间苯新戊二醇胶衣，以及新型复合阻燃材料等

成型方法　真空导入船体龙骨一体成型

特　　征　本船为单体、V型、双折角滑行船，艄部设置升高甲板，由高速柴油机驱动，属于单舵桨艉机型；设置高标准活水舱和冰鲜舱，船员生活区和驾驶室装修美观大方；全船安全配置齐全，满足近（沿）海航行的需求

应用场景　主要为流刺网作业，可拓展为笼壶、灯光敷网、钓具、观光、休闲垂钓等

图片提供：深圳市莫阿娜游艇科技有限公司

游艇

原 材 料 玻璃纤维、不饱和聚酯树脂

成型方法 真空导入成型

特　　征 单甲板、双层甲板室；倾艏、方艉；全玻璃钢材质；纵骨架式结构；具有双柴油机及两台舵和螺旋桨

应用场景 海上观光

图片提供：秦皇岛耀华装备集团股份有限公司

公务艇

原 材 料　玻璃纤维、不饱和聚酯树脂

成型方法　手糊成型

特　　征　符合船舶检验或渔业船舶检验规定，在船型设计和艇体舾装设计以及配置方面取得了进步

应用场景　内河和海上航行

图片提供：秦皇岛耀华装备集团股份有限公司

无人艇

原 材 料　海帕龙材质橡胶、纤维布、短切毡、树脂、胶衣等

成型方法　手糊成型

特　　征　结构简单；强度高；质轻；航行速度快；适航性能好；储运方便

应用场景　救护、侦察、勘探、通信、巡逻等

图片提供：秦皇岛耀华装备集团股份有限公司

冲锋舟

原 材 料 纤维布、短切毡、树脂、胶衣等

成型方法 手糊成型

特　　征 结构简单；强度高；质轻；装（卸）载作业时间短；航行速度快；适航性能好；储运方便

应用场景 应急救援、交通、救护、通信、巡逻等

图片提供：秦皇岛耀华装备集团股份有限公司

工作艇

原 材 料 纤维布、短切毡、树脂、胶衣等

成型方法 手糊成型

特　　征 结构简单；强度高；质轻；航行速度快；操纵灵活；机动性强；适航性能好；线型流畅；造型美观；配置先进；储运方便

应用场景 救护、抗洪救灾、通信、巡逻等

图片提供：上海汉禾生物新材料科技有限公司

六旋翼氢动力无人机

原 材 料 碳纤维、生物树脂

成型方法 模压成型、纤维缠绕成型、组装成型

特　　征 质轻；强度高；寿命长；环保

应用场景 无人机

图片提供：http://www.pexels.com/

直升机复合材料旋翼

原 材 料　玻璃纤维、碳纤维、环氧树脂

成型方法　模压成型

特　　征　质轻；强度高；可设计性强；抗腐蚀性强；使用寿命长；基于铺层方式的设计，可具有一定程度的防弹能力

应用场景　航空航天

图片提供：http://www.pexels.com/

卫星用部件

原 材 料　碳纤维、玻璃纤维、各类树脂及泡沫材料等

成型方法　多种

特　　征　质轻；强度高；有效载荷增加；天线罩具有高透波性

应用场景　天线罩、太阳能电池阵基板、框架结构、承力筒等

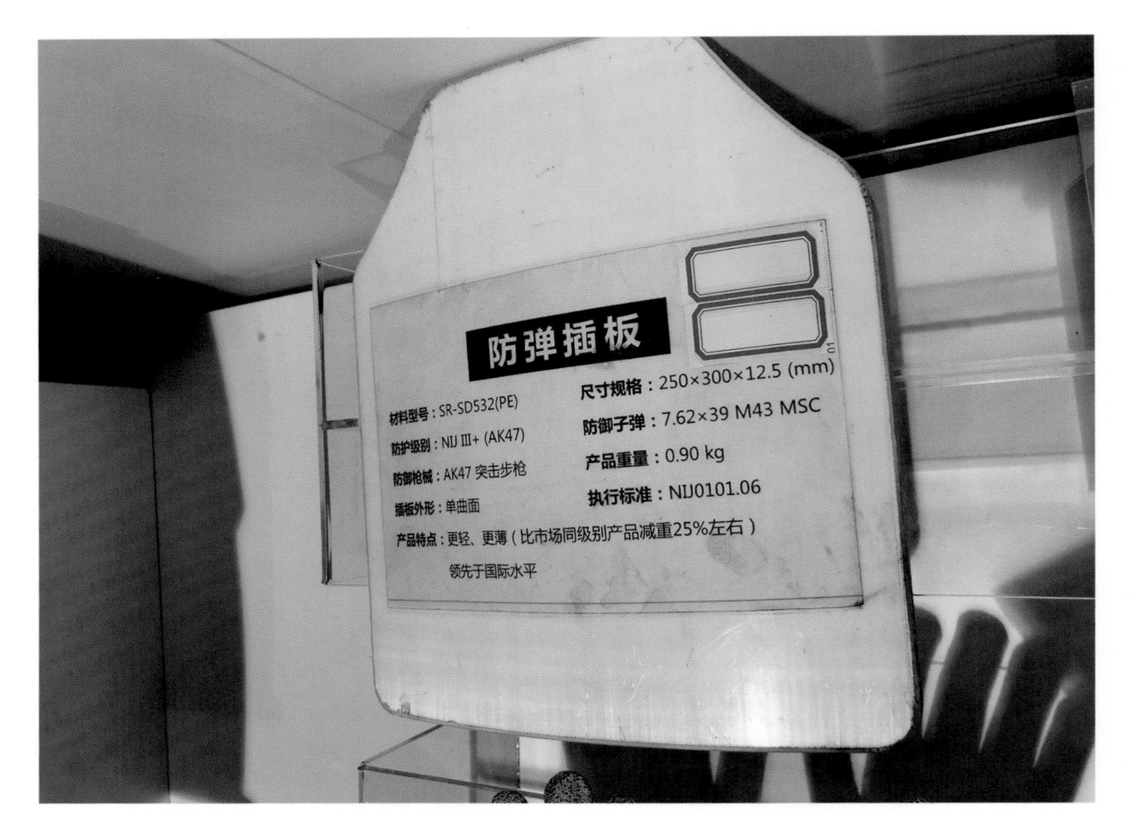

图片提供：上海化工研究院有限公司

防弹插板

原 材 料 超高分子量聚乙烯纤维、环氧树脂

成型方法 模压成型

特　　征 轻薄；可防御AK47突击步枪及其强度以下的子弹

应用场景 军队、安保机构、国防部门

图片提供：http://www.pexels.com/

远程轰炸机部件

原 材 料　碳纤维、玻璃纤维、环氧树脂等

成型方法　多种

特　　征　耐高温；耐损耗；能较好地隐形于雷达监测

应用场景　机身、机翼

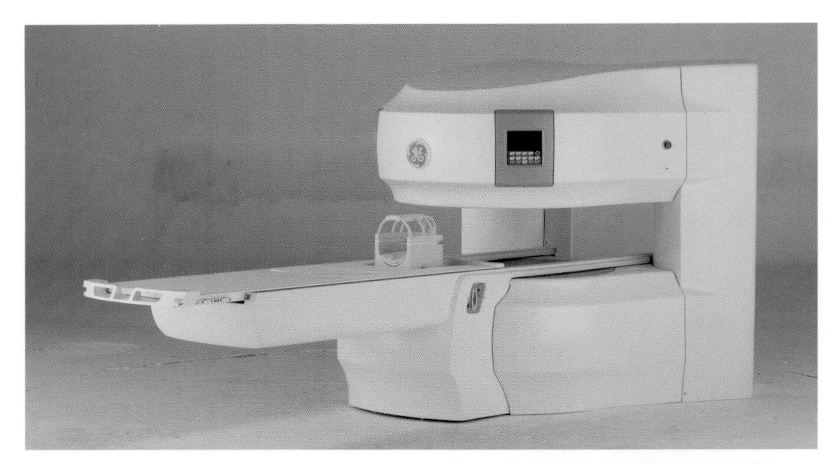

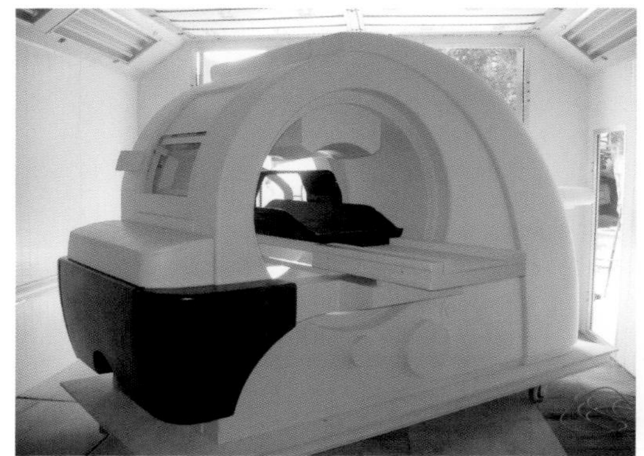

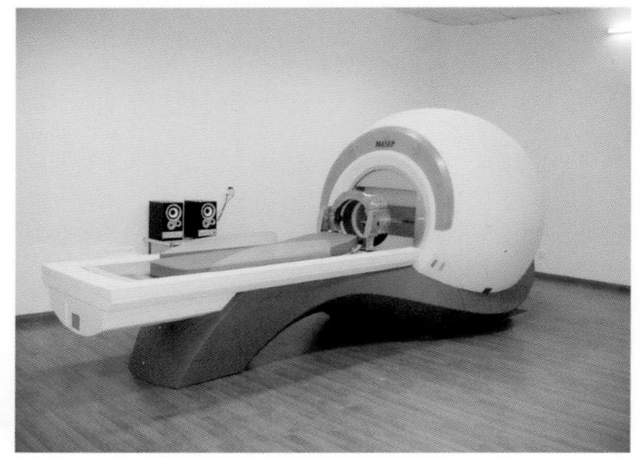

图片提供：湖北省葛店开发区鑫集美复合材料有限公司

大型医疗设备外壳

原 材 料 玻璃纤维、不饱和聚酯树脂

成型方法 手糊成型、树脂膜渗透成型

特　　征 质轻；强度高；可设计性强；容易造型

应用场景 适用于各种大型医疗设备外壳造型，如CT机、核磁共振仪、加速器、热疗仪等

图片提供：青岛宇日碳纤维科技有限公司

竞技反曲弓

原 材 料　碳纤维增强复合材料

成型方法　模压成型

特　　征　稳定回弹，上下回弹保持一致，减少不必要方向的振动

应用场景　体育娱乐、竞技

图片提供：青岛宇日碳纤维科技有限公司

运动头盔

原 材 料 碳纤维增强复合材料

成型方法 热压罐成型

特　　征 质轻；强度高；耐冲击性优秀；造型美观

应用场景 体育竞技

图片提供：北京玻璃钢研究设计院有限公司

运动会颁奖台

原 材 料　玻璃纤维、不饱和聚酯树脂

成型方法　手糊成型

特　　征　造型美观

应用场景　体育竞技

图片提供：厦门鸿基伟业复材科技有限公司

自行车

原 材 料　碳纤维、环氧树脂

成型方法　模压吹气成型

特　　征　减震性好；质轻；强度高

应用场景　运动竞技、高档民用

图片提供：威海和利源碳纤维科技有限公司

船桨

原 材 料 碳纤维、环氧树脂

成型方法 模压成型

特　　征 质轻；强度高；寿命长

应用场景 运动竞技

图片提供：东莞市昌亿复合材料机械科技有限公司

轮滑鞋鞋面

原 材 料 碳纤维、环氧树脂

成型方法 手糊成型

特　　征 造型美观；耐用

应用场景 体育运动

图片提供：东莞市昌亿复合材料机械科技有限公司

电吉他框架

原 材 料 碳纤维、环氧树脂

成型方法 手糊成型

特　　征 造型美观；耐用

应用场景 娱乐

图片提供：http://www.pexels.com/

鱼竿

原 材 料　碳纤维、玻璃纤维、环氧树脂、不饱和聚酯树脂

成型方法　卷管成型

特　　征　抗拉强度高；耐腐蚀；寿命长

应用场景　体育、娱乐

图片提供：河南双特复合材料有限公司

玻璃钢仿木系列

原 材 料 玻璃纤维、树脂

成型方法 拉挤成型

特　　征 强度高；寿命长；耐老化；耐水性能好；型材开孔方便组装；质轻；方便运输；施工不需借助机械设备

应用场景 园林景观、市政设施、河道护栏等

图片提供：南通时瑞塑胶制品有限公司

格栅栈道 / 甲板 / 盖板

原 材 料　无碱玻璃纤维、不饱和聚酯树脂

成型方法　模塑成型、拉挤成型

特　　征　不腐烂、免维护；色彩、纹理和质感丰富，结构组合形式灵活；生命周期长、成本低；环境亲和力强

应用场景　通用设施

图片提供：重庆博巨玻璃钢有限公司

废弃物回收点

原 材 料　玻璃纤维、不饱和聚酯树脂

成型方法　手糊成型、拉挤成型

特　　征　可抵抗各类垃圾的腐蚀

应用场景　环卫设施

图片提供：重庆博巨玻璃钢有限公司

凉亭

原 材 料 玻璃纤维、不饱和聚酯树脂

成型方法 拉挤成型

特　　征 绿色环保；耐腐蚀；使用寿命长；免维护；环境亲和力强；材料质轻、强度高；绝缘、防雷击

应用场景 市政设施

图片提供：重庆博巨玻璃钢有限公司

候车亭

原 材 料　玻璃纤维、不饱和聚酯树脂、钢化玻璃

成型方法　手糊成型、拉挤成型

特　　征　环境亲和力强；美观

应用场景　市政设施

图片提供：重庆博巨玻璃钢有限公司

果皮箱

原 材 料 玻璃纤维、不饱和聚酯树脂

成型方法 手糊成型、拉挤成型

特　　征 质轻；强度高；耐酸碱腐蚀；使用寿命长；免维护

应用场景 环卫设施

图片提供：河南四通复合材料有限公司

井房

原 材 料　玻璃纤维、树脂

成型方法　模压成型

特　　征　强度高；耐腐蚀；免维护；抗冲击；工作环境为−50～+70 ℃；绝缘

应用场景　通用设施（搭建屋面/屋顶）

图片提供：黑龙江强幕复合材料科技有限公司

书立

原 材 料　碳纤维预浸料

成型方法　模压成型

特　　征　强度高；质轻；耐化学腐蚀性好

应用场景　办公用品

图片提供：黑龙江强幕复合材料科技有限公司

包装盒

原 材 料　碳纤维预浸料、芳纶蜂窝芯

成型方法　模压成型

特　　征　强度高；质轻；隔音隔热

应用场景　礼品包装

图片提供：黑龙江强幕复合材料科技有限公司

手机支架

原 材 料 碳纤维预浸料、芳纶蜂窝芯

成型方法 模压成型

特　　征 强度高；质轻

应用场景 数码配件

图片提供：北京强幕工贸有限责任公司

茶几

原 材 料 碳纤维预浸料、芳纶蜂窝芯

成型方法 模压成型、机械连接成型

特　　征 碳纤维面板“外柔内刚”，质轻，强度高，耐腐蚀，使用寿命长；芳纶蜂窝芯具有较高的比强度、比刚度，平整度高，性价比高；外形设计上采用现代简约风格，结构与各项性能得到完美配合，安装方便，便于搬运，可以批量生产，全寿命成本低

应用场景 室内家具

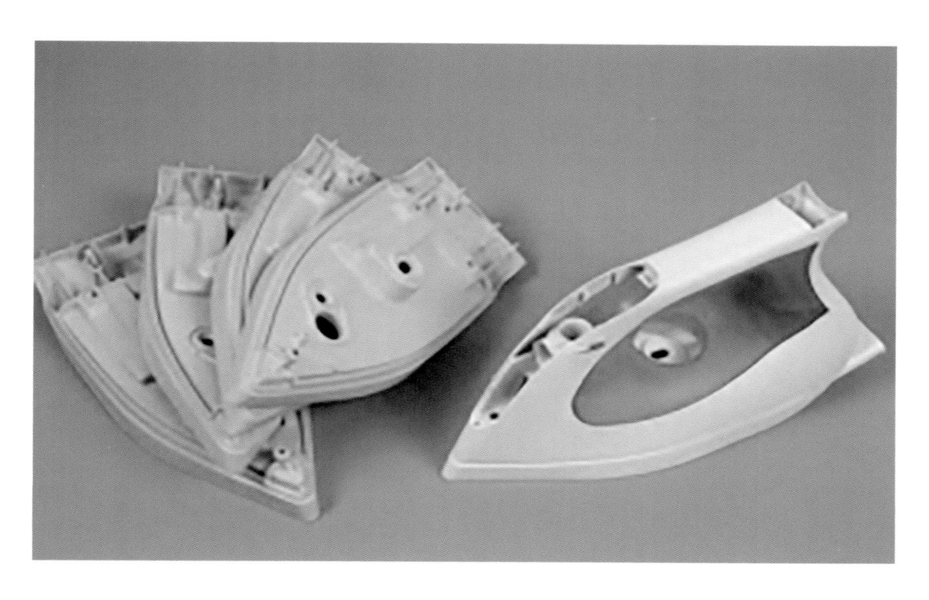

图片提供：AOC中国/金陵力联思树脂有限公司

蒸汽熨斗外壳

原 材 料　BMC团料

成型方法　模压成型

特　　征　表面美观；防水；绝缘性能好；耐热稳定性高

应用场景　家用电器

图片提供：东莞市昌亿复合材料机械科技有限公司

行李箱

原 材 料　玻璃纤维纱、树脂

成型方法　手糊成型

特　　征　造型美观；耐用

应用场景　日用品

图片提供：东莞市昌亿复合材料机械科技有限公司

眼镜框

原 材 料　玻璃纤维纱、树脂

成型方法　手糊成型、模压成型

特　　征　造型美观；耐用

应用场景　日用品

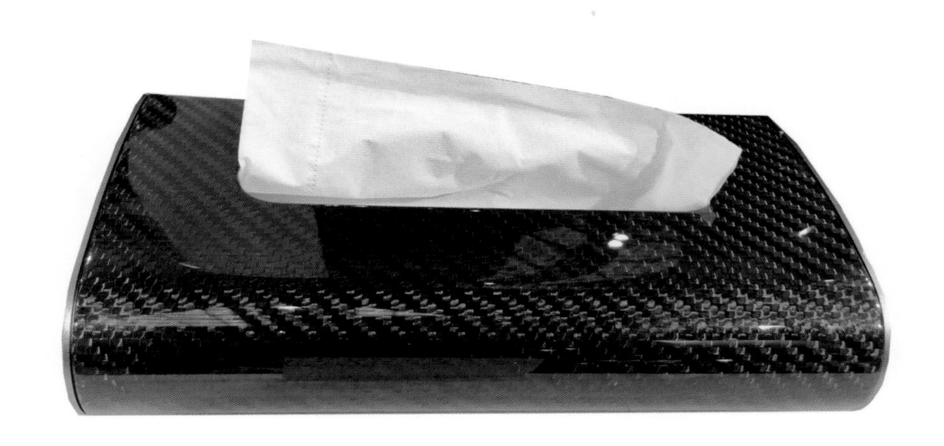

图片提供：东莞市昌亿复合材料机械科技有限公司

餐巾盒

原 材 料　碳纤维、树脂

成型方法　手糊成型

特　　征　造型美观；耐用

应用场景　日用品

图片提供：东莞市昌亿复合材料机械科技有限公司

雨伞骨架

原 材 料　碳纤维、树脂

成型方法　拉挤成型

特　　征　造型美观；耐用

应用场景　日用品

图片提供：中国硅酸盐学会玻璃钢分会

钢笔笔杆

原 材 料 碳纤维、树脂

成型方法 卷管成型

特　　征 造型美观；耐用

应用场景 日常办公、写字